太空教师天文课

恒星与银河系

"学习强国"学习平台 组编

科学普及出版社

·北京·

编 委 会

支持单位

（按汉语拼音排序）

国家航天局

南京大学

中国科学院国家天文台

中国科学院紫金山天文台

序

习近平总书记高度重视航天事业发展，指出"航天梦是强国梦的重要组成部分"。在以习近平同志为核心的党中央坚强领导下，广大航天领域工作者勇攀科技高峰，一批批重大工程成就举世瞩目，我国航天科技实现跨越式发展，航天强国建设迈出坚实步伐，航天人才队伍不断壮大。

欣闻"学习强国"学习平台携手科学普及出版社，联合打造了航天强国主题下兼具科普性、趣味性的青少年读物《学习强国太空教师天文课》，以此套书展现我国航天强国建设历程及人类太空探索历程，用绘本的形式全景呈现我国在太空探索中取得的历史性成就，普及航天知识，不仅能让青少年认识了解我国丰硕的航天科技成果、重大科学发现及重大基础理论突破，还能激发他们的兴趣，点燃他们心中科学的火种，助力青少年的科学启蒙。

这套书在立足权威科普信息的基础上，充分考虑到青少年的阅读习惯，用贴近青少年认知水平的方式普及知识，内容涉及天文、历史、物理、地理等多领域学科，融思想性、科学性、知识性、趣味性为一体，是一套普及科学技术知识、弘扬科学精神、传播科学思想、倡导科学方法的青少年科普佳作。

我衷心期盼这套书能引领青少年走近航天领域，从小树立远大志向，勇担航天强国使命，将中国航天精神代代相传。

中国探月工程总设计师
中国工程院院士
2024 年 3 月

"迢迢牵牛星，皎皎河汉女。"

古人仰望星空，生发出无限浪漫的遐想。以想象为翅膀，以科技为动力，千百年间，人类对于银河的认识日新月异。

让我们跟随"太空教师"王亚平的脚步，开启探索之旅吧！

目 录

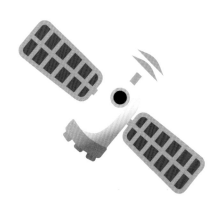

01

发光的星星

扫码观看在线课程

古人认为恒星在天上的位置是不变的，所以取名为"恒星"，但事实上恒星并不是静止的，只是因为距离我们实在太远，在没有天文望远镜帮助的情况下，我们很难发现它们在天上的位置变化。那什么是恒星呢？

谁的光芒如此耀眼？

名词小课堂

恒星指宇宙中由炽热气体组成的、能自己发光的球状或类球状天体。

神奇的变星

多数恒星在亮度上几乎是固定的，以太阳为例，它的亮度在 11 年中，只有 0.1% 的变化。然而也有许多恒星的亮度有显著的变化，这就是我们所说的变星。其中有一类被称作造父变星，它的光变周期与它的光度成正比。

太阳是我们最熟悉的恒星，它也是离地球最近的恒星。离地球第二近的恒星是半人马座的比邻星，它发出的光到达地球大约需要 4.25 年。

嘿嘿，诗人们都喜欢作诗称赞我。

古诗词中的太阳

太阳这一意象经常出现在中国古诗词中。诗人们或用它描绘壮丽的自然景色，如"大漠孤烟直，长河落日圆"；或用它象征生命和希望，如"暾将出兮东方，照吾槛兮扶桑"。

我们之前介绍过太阳黑子，它是太阳光球中的暗黑斑点，因此又被称作日斑。根据史书记载，我们的祖先经常对它进行观察。

大漠孤烟直，长河落日圆。

——王维《使至塞上》

暾将出兮东方，照吾槛兮扶桑。

——屈原《九歌·东君》

想一想

除了地球，宇宙中还有适宜人类生存的星球吗？

太阳仅是银河系中并不起眼儿的一颗恒星，且位于银河系中一个不起眼儿的位置。地球是太阳系中一颗普通的行星，但是正是这样一颗行星，孕育出了生命和人类文明。

近几十年来，随着技术的飞速发展，天文学家已经确认了数十颗"宜居带类地行星"，其中离太阳系最近的一颗就在比邻星周围。

结合目前的望远镜观测数据和银河系理论模型，科学家推断，银河系中存在数千亿颗恒星。

晴朗的夜晚，在观测环境良好的条件下，我们用肉眼可以看到 3000 多颗恒星。

你知道吗？自 2018 年起，中国虚拟天文台就推出了"恒星检索展示平台"。通过该平台，大家足不出户就可以看到恒星、星团、星云和星系。

独特的恒星

2023 年 6 月，中国科学院国家天文台研究团队发表了一项研究成果，依托郭守敬望远镜获取的海量数据，他们在银河系中发现一颗独特的恒星，形成该恒星的物质源自第一代恒星的超新星爆发。这一发现对研究早期宇宙的演化以及恒星考古具有重要的科学意义。

行星的命运由恒星决定，那恒星的命运又是由什么决定的呢？其实恒星的质量就大体决定了恒星的命运。

根据质量由小到大，我们可以把恒星分为小质量恒星、中等质量恒星和大质量恒星这三类。

中等质量恒星

小质量恒星

大质量恒星

恒星还能如何分类？

除了按照质量分类，恒星的分类方法还有很多种。比如，如果依据恒星与其他星球的关系以及运动情况来分类，那么恒星可以分为孤星型恒星、主星型恒星、从属型恒星、伴星型恒星、混合型恒星。

02

恒星的一生

扫码观看在线课程

为了了解恒星演化的规律，一位丹麦天文学家和一位美国天文学家分别在 1911 年和 1913 年将恒星按照表面温度和光度绘制在图表上，他们的研究成果被称作"赫罗图"。

　　赫罗图显示，大约 90% 的恒星位于从左上角至右下角的带状上，人们将这条带称为"主序带"。恒星绝大部分时间"停留"在主序带上，这也就是恒星的"青壮年期"。

原来这就是赫罗图啊！

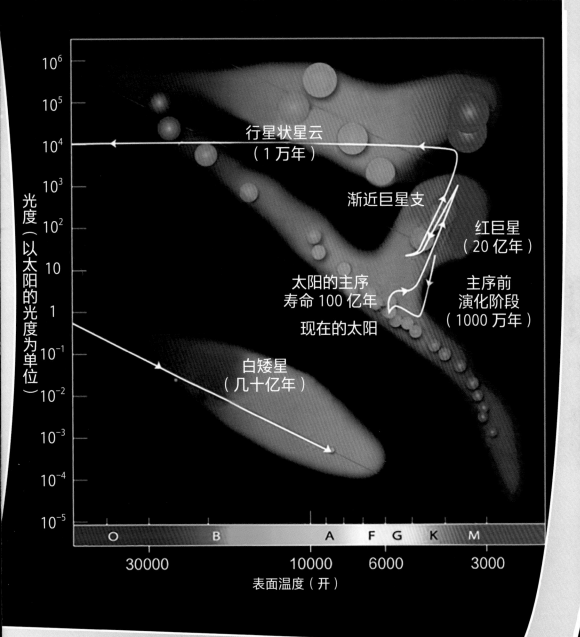

行星状星云
（1万年）

渐近巨星支

红巨星
（20亿年）

太阳的主序
寿命 100 亿年

主序前
演化阶段
（1000万年）

现在的太阳

白矮星
（几十亿年）

光度（以太阳的光度为单位）

10^6
10^5
10^4
10^3
10^2
10
1
10^{-1}
10^{-2}
10^{-3}
10^{-4}
10^{-5}

O B A F G K M

30000   10000 6000   3000

表面温度（开）

赫罗图

除了褐矮星，其他在主序带上的恒星发光的主要能源来自核心氢元素的核聚变。

想一想

太阳会死亡吗？

质量越小的恒星消耗氢元素的速度越慢，因而寿命越长。太阳就是一颗典型的小质量恒星，它可以在主序带上待 100 亿年。

我现在年轻力壮，嘿嘿。

太阳和人类一样，寿命是有限的。目前，太阳正处于"青壮年期"。大约再过 50 亿年，太阳便会走向生命的终点。

类太阳恒星

数十亿年

红巨星

当核心氢元素燃烧殆尽之后，恒星会逐渐离开主序带。

不同质量的恒星在离开主序带后将走上不同的生命演化道路，以不同的方式终结：中小质量恒星最终会变成一颗"死亡"的白矮星，而大质量恒星则会通过超新星爆发的方式壮烈地终结一生。

行星状星云

白矮星

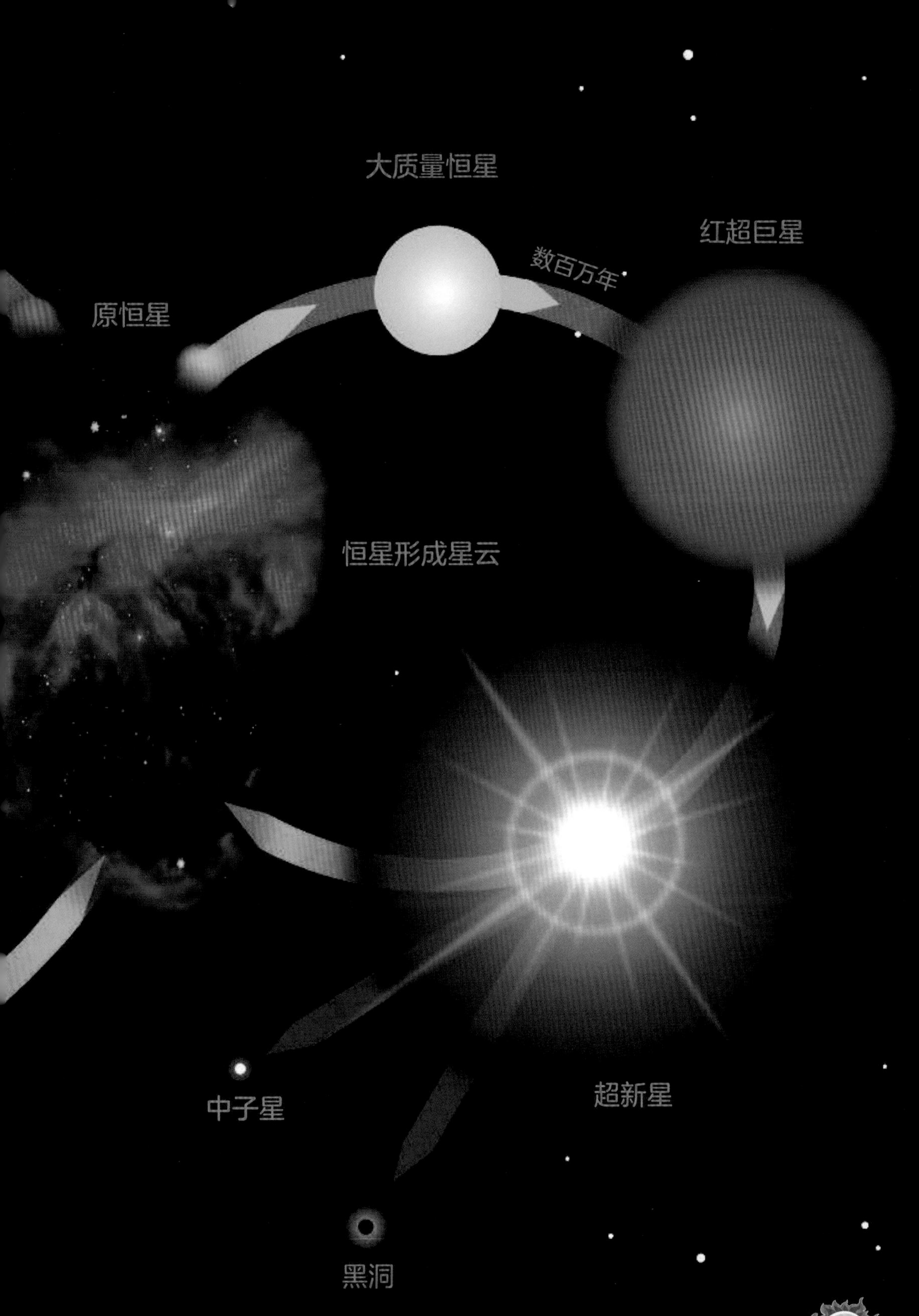

大质量恒星

红超巨星

原恒星

数百万年

恒星形成星云

中子星

超新星

黑洞

我以后会变成什么样呢？是变成红巨星最终成为白矮星，还是化身为一颗超新星？

红巨星

红巨星是一种体积大、亮度高的恒星，直径比太阳大得多。

超新星

超新星爆发是恒星死亡时的爆炸。在宇宙空间中，每秒都有一次超新星爆发在上演。科学杂志《自然》曾介绍过一个特殊的超新星爆发。天文学家发现一颗被命名为iPTF14hls 的超新星在约 2 年的时间里爆发了 5 次，如此走向死亡的恒星真是前所未有。

03

银河系：一个旋涡星系

扫码观看在线课程

太阳系是银河系中的沧海一粟。那巨大的银河系究竟是什么样的呢？随着科学家的不断探索，目前我们得知银河系是一个旋涡星系。

银河还有哪些好听的名字?

关于"银河"这个名字，《诗经》中早已有记载，《晋书·天文志》更是对它进行了详细描述。银河在中国古代又被称作天河、星河、银汉等，诗人们对它多有描述。

飞流直下三千尺，疑是银河落九天。

——李白《望庐山瀑布》

虽然直到天文望远镜出现后人类才真正地了解银河系的构成，但是中国古人早已有银河系由无数恒星构成的猜想。

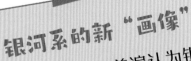

银河系的新"画像"

一直以来，天文学界普遍认为银河系是一个特殊的多旋臂旋涡星系：四条旋臂均是从内到外的。然而，2023年5月，中国天文学家提出，银河系更像是一个普通多旋臂星系，由内部对称的两旋臂和外部多条不规则旋臂组成。他们最新的研究结果表明，银河系内部的两条旋臂对称向外延伸，在外部分叉并形成多条长而不规则的旋臂段。

太阳是银河系中一颗普通的恒星，它绕银河系转一圈大约需要2.5亿年。

跑得好累啊。

　　旋涡星系指具有旋涡状结构的星系，可以分为正常旋涡星系和棒旋星系两种。

一般旋涡星系的中间都有一个超大质量黑洞。大家知道什么是黑洞吗？

∧ 物质落入黑洞示意图

黑洞指广义相对论预言的一类天体。它的基本特征是具有一个封闭的视界。视界就是黑洞的边界。黑洞外的物质和辐射可以通过视界进入黑洞内部，但黑洞内部的物质和辐射一般不能穿过视界跑到外面。

银河系由哪些部分构成？

从形态上看，银河系有三个主要部分：银盘、核球和银晕。

银河系示意图

核球

核球存在于银河系的中心区域。

银盘

核球往外逐渐呈现盘状结构，这就是银盘。

银晕

银盘的四周被比较稀疏的恒星包裹着，这部分叫作银晕。

银晕里恒星的分布呈椭球形，由于银晕形成较早，所以这里的恒星年龄普遍偏老，而且几乎没有气体和尘埃。

银盘小常识

银盘是银河系的主体，以轴对称的形式分布在核球周围，质量占银河系总质量的 85%~90%。

神秘的棒状结构

　　银盘上的恒星不断绕着银河系的中心转动。靠近银河系中心的银盘恒星轨道会逐渐演化成长条形的稳定轨道。很多这样的恒星共同组成了一个棒状结构。从银河系外面来看，这个棒状图案也在转动。关于棒状结构的形成，至今仍有很多未解决的问题。

　　银盘则恰好相反，这里是年轻恒星的诞生地，存在大量的气体尘埃云团，还有银河系里最年轻的恒星。

核球位于银河系的中心，这里既有年老的恒星，也有年轻的恒星。天文学家至今也没能完全弄明白核球的构成，因为它的成分比较复杂。

　　过去，天文学家普遍认为银盘在距离银河系中心约 5 万光年处有一个清晰的边界，在这个边界处银盘恒星的数目骤然下降，如同银盘在此处被切割掉，所以这个边界的大小就对应着银盘的大小。

你看那横跨天空的银河

但是近年来，许多观测暗示，银盘的边界应该更大。要证实这点还需要对更多、更远的恒星进行统计。

夜晚，你可能会看到银河横跨天空，美丽极了！

像不像一座拱桥？

我国自主设计并建造的郭守敬望远镜开启了精确研究银河系结构和演化的新篇章，已在且必将继续在此项研究中发挥重要作用。

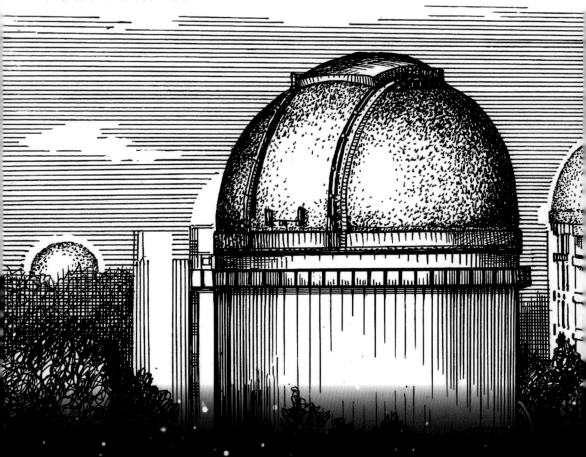

你知道吗？

郭守敬望远镜是中国科学院重大科技基础设施中的一项。截至 2023 年年底，中国科学院重大科技基础设施共有 31 项，除了

本套书中介绍的郭守敬望远镜、"中国天眼"，还有上海光源、航空遥感系统等。

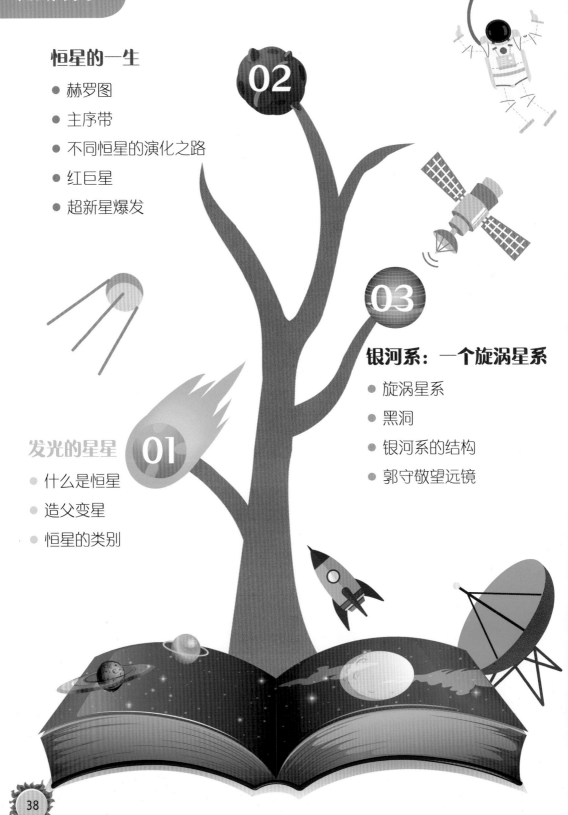

恒星的一生

02

- 赫罗图
- 主序带
- 不同恒星的演化之路
- 红巨星
- 超新星爆发

03

银河系：一个旋涡星系

- 旋涡星系
- 黑洞
- 银河系的结构
- 郭守敬望远镜

发光的星星 **01**

- 什么是恒星
- 造父变星
- 恒星的类别